復刻日式老店
的美味料理手帳

作者——ㄚ曼達

好想飛日本啊！好想念日本美食！
台灣知名料理部落客ㄚ曼達，
教你在家DIY日本道地美食！

美味餐館 x 巷弄老店 x 傳統珈琲店

最受歡迎的21道日式料理，在家輕鬆做就能復刻美味。
不論是專業旅人或業餘吃貨，一定要學會的日式私房料理！

復刻日式老店
的美味料理手帳

作者——丫曼達

好想飛日本啊！好想念日本美食！
台灣知名料理部落客丫曼達，
教你在家DIY日本道地美食！

美味餐館 ✕ 巷弄老店 ✕ 傳統珈琲店
最受歡迎的21道日式料理，在家輕鬆做就能復刻美味。
不論是專業旅人或業餘吃貨，一定要學會的日式私房料理！

番茄牛肉串

材料

牛肉片 ················· 11 片
聖女番茄 ··············· 11 個
七味粉 ················· 適量

作法

1 將番茄捲入肉片中，一串 5 ～ 6 捲，一共可以做 2 串。

2 將串好的肉串放入氣炸鍋內，用 160 度炸 10 分鐘。

3 取出撒上七味粉即可。

蔬菜肉捲

材料

豬肉片 ⋯⋯⋯⋯⋯⋯ 10 片
青椒、黃椒、紅椒 ⋯⋯ 適量
玉米筍 ⋯⋯⋯⋯⋯⋯ 5 根
烤肉醬 ⋯⋯⋯⋯⋯⋯ 適量
白芝麻 ⋯⋯⋯⋯⋯⋯ 適量

作法

1. 將彩椒切條，捲入豬肉片中，一串可以串 5 捲。
2. 另一串則是在豬肉片中捲入玉米筍。
3. 將串好的肉串塗上烤肉醬後，放入氣炸鍋中，160 度炸 10 分鐘。
4. 取出撒上白芝麻即可。

② 日式炸豬排

材料

梅花肉 ⋯⋯⋯⋯⋯ 1 片（厚度約 1.5 ～ 2 公分）
鹽巴 ⋯⋯⋯⋯⋯⋯⋯⋯⋯⋯⋯⋯⋯⋯⋯⋯⋯ 少許
低筋麵粉 ⋯⋯⋯⋯⋯⋯⋯⋯⋯⋯⋯⋯⋯⋯⋯ 適量
全蛋 ⋯⋯⋯⋯⋯⋯⋯⋯⋯⋯⋯⋯⋯⋯⋯⋯⋯ 1 個
麵包粉 ⋯⋯⋯⋯⋯⋯⋯⋯⋯⋯⋯⋯⋯⋯⋯⋯ 適量
日式豬排醬 ⋯⋯⋯⋯⋯⋯⋯⋯⋯⋯⋯⋯⋯⋯ 適量

作法

1. 用刀子將肉片斷筋，再用刀背拍打過肉片，
   抹上鹽巴調味。
2. 將梅花肉排依序沾上低筋麵粉、蛋液以及
   麵包粉。
3. 油溫 160 度炸 90 至 120 秒左右翻面，再炸
   60 至 90 秒。
4. 放置 5 分鐘瀝油後，再切塊即可。

你也可以這樣做

在麵包粉裡拌上 1 大湯匙的沙拉油,再沾在豬排上,就可以用氣炸鍋料理囉!
氣炸鍋用 160 度炸 15 分,再用 200 度炸 3 分鐘。

③ 日式炸串

材料

梅花牛排	1 塊
去骨雞腿肉	1 塊
蝦子	5 隻
小熱狗	3 根
麵包粉	適量

粉漿材料

冰水	150 克
低筋麵粉	100 克
蛋	1 個

（將材料混均勻即可）

作法

1. 將牛排、雞腿肉切成長條狀，串入竹籤，蝦子去頭與殼，串入竹籤，其他食材直接串入竹籤即可。
2. 熱油鍋至約 160 度。
3. 食材先沾麵糊再沾麵包粉，放入熱好的油中炸即可。
4. 可沾市售凱薩醬或日式燒肉醬食用。

④ 照燒雞翅

材料

雞翅⋯⋯⋯⋯⋯⋯⋯⋯5隻
白芝麻⋯⋯⋯⋯⋯⋯⋯⋯適量

醬汁

醬油⋯⋯⋯⋯⋯⋯⋯⋯2大匙
味醂⋯⋯⋯⋯⋯⋯⋯⋯2大匙
清酒⋯⋯⋯⋯⋯⋯⋯⋯2大匙
砂糖⋯⋯⋯⋯⋯⋯⋯⋯1大匙

作法

1 醬汁混和均勻備用。

2 將雞翅淋上醬汁後，放入冰箱冷藏一晚入味。

3 取出雞翅，放入氣炸鍋用 120 度炸 15 分鐘，再用 200 度炸 5 分鐘。

4 取出撒上白芝麻即可。

照燒雞腿排

作法

將雞腿兩面煎至金黃後，倒入調好的醬汁，
蓋上鍋蓋燜煮至收汁即可。

❺ 炸牛肉餅

材料

牛絞肉與豬絞肉	各 100 克
洋蔥丁	1/4 個
醬油	1 大匙
砂糖	1/2 大匙
低筋麵粉	適量
全蛋	1 個
麵包粉	適量

作法

1. 洋蔥丁炒至透明後放涼。
2. 絞肉、洋蔥丁、醬油及砂糖混和均勻,將拌好的肉捏成一個一個肉糰。
3. 依序沾上低筋麵粉、蛋液跟麵包粉。
4. 用熱油 160 度炸 8 至 10 分鐘即可。

⑥ 日式漢堡排

材料

麵包粉 ⋯⋯⋯⋯⋯⋯⋯ 30 克
牛奶 ⋯⋯⋯⋯⋯⋯⋯ 70ml
牛絞肉與豬絞肉 ⋯ 各 350 克
洋蔥丁 ⋯⋯⋯⋯⋯⋯ 1/2 個
蛋 ⋯⋯⋯⋯⋯⋯⋯⋯⋯ 1 個
鹽巴 ⋯⋯⋯⋯⋯⋯⋯ 少許
黑胡椒 ⋯⋯⋯⋯⋯⋯ 少許
起司片 ⋯⋯⋯⋯⋯⋯⋯ 1 片

醬汁

水 ⋯⋯⋯⋯⋯⋯⋯⋯ 2 大匙
清酒 ⋯⋯⋯⋯⋯⋯⋯ 1 大匙
味醂 ⋯⋯⋯⋯⋯⋯⋯ 1 大匙
糖 ⋯⋯⋯⋯⋯⋯⋯⋯ 1 小匙
醬油 ⋯⋯⋯⋯⋯⋯⋯ 2 大匙

作法

1. 洋蔥丁炒至透明後放涼。
2. 牛奶倒入麵包粉中拌勻。
3. 將起司片以外所有食材全部加入拌勻，拌至有黏性後塑形。
4. 起一油鍋，將漢堡排入鍋煎至兩面上色。
5. 加入 30ml 水及味醂，蓋上鍋蓋燜煮約 5 分鐘。
6. 取出漢堡排之後，將醬汁材料倒入鍋中，煮至自己喜歡的濃稠度。
7. 漢堡排上放上一片起司，醬汁淋在盤上即可。

7 酒蒸蛤蜊

材料

蛤蜊	半斤
米酒	2大匙
蒜末	適量
蔥末	適量
薑絲	少許
奶油	5克

作法

1. 蛤蜊吐沙洗淨後放入盤內。
2. 加入蒜末、蔥末、薑絲、米酒，最後放上奶油。
3. 放入電鍋，外鍋倒一杯水蒸熟即可，可再撒上一些蔥末裝飾。

⑧ 雞蛋沙拉三明治

材料

蛋	4 個
美乃滋	3 大匙
鹽巴	少許
黑胡椒	少許
吐司	數片

作法

1. 雞蛋放入電鍋，半杯水蒸熟。
2. 蛋殼剝掉後，將蛋白與蛋黃分開。
3. 蛋黃與美乃滋、鹽巴、黑胡椒拌勻，蛋白切碎後再將蛋白加入拌勻。
4. 將作法 3 夾入吐司中即可。

❾ 鮭魚炊飯

材料

白米	2 杯
水	2 杯
鮭魚菲力	200 克
雪白菇與鴻喜菇	適量
清酒	2 大匙
柴魚醬油	1 大匙
味酥	1 大匙
蔥花	適量
白芝麻	適量

作法

1. 鮭魚先抹上一點鹽巴,再淋上 1 大匙清酒醃製一下。
2. 鮭魚入鍋稍煎過取出。
3. 米洗淨後倒入內鍋,加入水及其他調味料,最後放上鮭魚及菇類。
4. 電鍋外鍋 1 杯水蒸熟。
5. 取出加入蔥花及白芝麻,稍微攪拌一下即可。

⑩ 日式天婦羅

材料

大蝦	2 隻
地瓜	1 片
秋葵	數個
竹輪	1 條

什錦天婦羅

紅蘿蔔	適量
四季豆	適量
魷魚	適量

粉漿

冰水	150 克
低筋麵粉	100 克
蛋	1 個

作法

1 將食材處理好、粉漿調勻。

2 油鍋熱至 160 度，就是將粉漿滴入時會立刻浮上的程度。

3 將食材沾粉放入炸熟即可。

4 什錦天婦羅部分，將材料與適量粉漿調勻，慢慢舀入鍋中堆疊
並炸定型，炸熟即可取出。

⑪ 大阪燒

材料

高麗菜 ———————— 1/8 顆
蛋 ————————————— 1 個
梅花肉片 ——————— 100 克
低筋麵粉 ——————— 15 克
水 ———————————— 10 克

醬汁

日式大阪燒醬 ————— 適量
日式美乃滋 ——————— 適量
柴魚片 —————————— 適量
海苔粉 —————————— 適量

作法

1. 低筋麵粉加水先拌勻。
2. 高麗菜切絲備用。
3. 高麗菜絲拌入雞蛋、作法❶麵糊、鹽巴和捏碎的柴魚片後拌勻。
4. 熱一油鍋，倒入調好的作法❸麵糊，整形並等待周圍四邊上色。
5. 鋪上豬肉片，待周圍上色後翻面再煎至金黃。
6. 最後塗上大阪燒醬並擠上美乃滋，撒上海苔粉跟柴魚片就可以上桌囉。

⑫ 炒麵麵包

材料

油麵	300 克
高麗菜	1/8 顆
洋蔥	1/4 個
紅蘿蔔	1/8 個
五花豬肉片	150 克
炒麵醬	適量
熱狗麵包	數個
美乃滋	適量

作法

1. 高麗菜、洋蔥、紅蘿蔔切絲，豬肉片切小片。
2. 油麵放入鍋中，稍微乾炒至微焦黃起鍋。
3. 將豬肉片下鍋炒，炒至出油，如果覺得油分不夠，可以再加一點沙拉油。
4. 加入洋蔥、高麗菜絲、紅蘿蔔絲拌炒。
5. 炒至約 7 分熟後加入麵條與醬汁，醬汁被麵體吸收後即可起鍋。
6. 將炒麵夾入麵包裡，擠上美乃滋、撒上柴魚片即可。

⓭ 日式炒烏龍

材料

高麗菜	1/8 個
紅蘿蔔	1/8 條
鮮香菇	3 朵
青蔥	數根
豬肉片	150 克
烏龍麵	200 克
柴魚醬油	2 大匙
味醂	1 大匙
七味粉	適量

作法

1. 高麗菜、胡蘿蔔、鮮香菇切絲,青蔥切段。

2. 起一油鍋爆香青蔥後,加入豬肉片拌炒,再加入紅蘿蔔與高麗菜絲拌炒至約 7 分熟。

3. 加入柴魚醬油、味醂跟 1 大匙水後,加入烏龍麵。

4. 拌炒後讓烏龍麵吸飽湯汁起鍋,最後撒上七味粉即可。

⑭ 日式煎餃

材料

餃子皮	5 張
豬絞肉	300 克
高麗菜	1/8 個
蒜末	1 小匙
薑末	1 小匙
醬油	1 大匙
糖	1 小匙
香油	少許
水	50 c.c.

作法

1 高麗菜切碎，與其他材料攪拌均勻後備用。

2 將餡料包入餃子皮，邊緣沾水，餃子皮對折後再摺出摺痕即可。

3 熱鍋下油，將餃子排列平放在鍋底，加入約 50c.c. 的水，蓋上鍋蓋加熱 3 至 5 分鐘。

4 開鍋蓋後淋一點點香油，再蓋上鍋蓋續煎。

5 底部呈現金黃脆底就可以起鍋了。

⑮ 日式蛋包飯

材料

白飯 ⋯⋯⋯⋯⋯⋯⋯⋯⋯⋯⋯⋯⋯⋯ 2 碗
豬肉絲 ⋯⋯⋯⋯⋯⋯⋯⋯⋯⋯ 約 50 克
洋蔥 ⋯⋯⋯⋯⋯⋯⋯⋯⋯⋯⋯⋯ 1/4 個
醬油 ⋯⋯⋯⋯⋯⋯⋯⋯⋯⋯⋯⋯ 1 小匙
番茄醬 ⋯⋯⋯⋯⋯⋯⋯⋯⋯⋯⋯ 2 大匙

蛋液

蛋 ⋯⋯⋯⋯⋯⋯⋯⋯⋯⋯⋯⋯⋯⋯ 3 個
鮮奶 ⋯⋯⋯⋯⋯⋯⋯⋯⋯⋯⋯⋯ 2 大匙
鹽 ⋯⋯⋯⋯⋯⋯⋯⋯⋯⋯⋯⋯⋯⋯ 少許

作法

1. 洋蔥切丁，並將蛋液材料攪拌均勻。
2. 起一油鍋，將洋蔥與絞肉下鍋拌炒，至洋蔥呈透明狀。
3. 加入白飯後拌勻，再將醬油及番茄醬加入拌炒，起鍋呈盤。
4. 起一油鍋，倒入蛋液，待蛋液有點凝固時，筷子放入蛋中並旋轉。
5. 待蛋液快完全凝固時，將蛋皮蓋在盛好的番茄醬炒飯上。
6. 最後再擠上一點番茄醬即可享用。

⑯ 玉子燒

材料

蛋 —————————— 3 個   鹽 —————————— 1/4 小匙

牛奶 ————————— 3 大匙   奶油 ————————— 1 小塊

糖 —————————— 1 大匙

作法

1. 將蛋、牛奶、糖及鹽先攪拌均勻。
2. 熱一油鍋，加入約 5 公克奶油，均勻塗滿鍋底。
3. 先倒入一半的蛋液，煎至表面有點凝固，就可以將蛋皮開始捲起來。
4. 捲好後，在鍋裡再塗一點奶油，再倒入其他蛋液。
5. 待蛋液稍凝固之後再捲起來，並整形切塊即可。

⑰ 高麗菜捲

材料

高麗菜 ································· 1 個
豬絞肉 ····························· 300 克
洋蔥 ······························· 1/2 個
蛋 ································· 1 個
鹽巴 ······························· 1/4 匙
黑胡椒 ····························· 適量
牙籤（或葫瓜條）··················· 數個

作法

1. 高麗菜去掉菜芯，將菜葉一片一片撥開洗淨，取出四片。
2. 再將高麗菜葉一片一片放入滾水中煮軟，取出放涼。
3. 洋蔥切丁，放入油鍋內炒至半透明狀並放涼。
4. 絞肉加入放涼的洋蔥丁、蛋、鹽巴及黑胡椒後，攪拌均勻備用。
5. 將內餡包入高麗菜葉裡，包成條狀，用牙籤插入兩側或用葫瓜條綁好固定。
6. 將包好的高麗菜捲，放入高湯或滾水中煮熟即可。

⑱ 唐揚炸雞

材料

去骨雞腿肉	2 隻
薑末	1 大匙
蒜末	1 大匙
醬油	1 大匙
清酒	3 大匙
味醂	1 大匙
香油	1 小匙
低筋麵粉	3 大匙
太白粉	3 大匙

作法

1 每隻雞腿切成約 9 塊左右。

2 將雞腿塊與太白粉之外的材料拌勻醃製。

3 醃製約 30 分鐘後，再拌入太白粉。

4 油溫 160 度炸第一次，炸至淡黃色就可以撈起，利用餘溫放置 5 分鐘左右。

5 第二次將油溫調高至 180 度，再放入炸至金黃取出即可。

⑲ 豆皮壽司

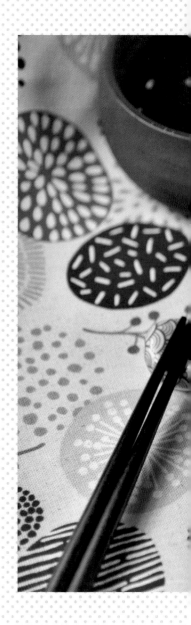

材料

市售日本豆皮壽司	適量
黑芝麻	適量
壽司米	1 杯
水	1 杯

★ ★ ★

紫米	1 杯
水	1.2 杯

壽司醋

米醋	2 大匙
糖	1 大匙
鹽	1/2 匙

作法

1. 壽司醋調好備用。
2. 米飯煮好後，盛入比較大一點的器皿，小心用飯匙將米散開。
3. 一邊倒入壽司醋，一邊拌勻。
4. 將米飯放涼後，包入豆皮中，最後撒上一點黑芝麻即可。

你也可以這樣做

如果不喜歡醋飯味道,也可以將白飯冷卻後,包入豆皮中即可。
使用不同的米飯時,確切用水量請參考包裝。

⑳ 章魚燒

材料

大章魚腳	1 條
高麗菜	1/8 個
青蔥	2 根
美乃滋	適量
章魚燒醬	適量
海苔粉	適量
柴魚片	適量

粉漿

低筋麵粉	200 克
水	600c.c.
蛋	3 個

作法

1 粉漿材料調勻。

2 章魚腳切丁，高麗菜與青蔥切丁。

3 章魚燒煎盤預熱後，淋上一點油，倒入麵糊。

4 在每一格放入一塊章魚丁，撒上高麗菜丁與蔥花。

5 約等 1 至 1 分半左右，就可以開始用料理籤慢慢一邊轉動麵糊、一邊將外面的麵糊收入，將麵糊整形為圓形。

6 慢慢一邊煎、一邊翻滾，待章魚燒呈現金黃色澤就可以取出，喜歡吃焦一點就可以多煎一下。

7 章魚燒塗上章魚燒醬，擠上美乃滋，撒上海苔粉跟柴魚片即可享用。

㉑ 日式布丁

材料

布丁液

全蛋	4 個
鮮奶	500 克
糖	60 克
香草精	少許

焦糖液

糖	200 克
水	60 克
熱水	120 克

焦糖煮法

1. 鍋內放入糖及 60 克水加熱。
2. 水滾後改小火，不攪拌，讓糖自己變色。
3. 開始有顏色時就要注意了，煮至琥珀色時，加入熱水（小心噴糖）。
4. 快速攪拌後即可關火，倒入適量的焦糖至模型中。

作法

1. 鮮奶加入糖，加熱至糖融化即可，如果溫度太高的話要稍放涼。
2. 全蛋打散，加入鮮奶拌勻，之後過濾兩次。
3. 蛋液倒入模型中。
4. 倒入至烤盤 1/2 深的水，烤箱 160 度烤約 20 分鐘，關火後再燜 20 分鐘即可。

Orange Travel 15

複刻日式老店的美味料理手帳
作者──丫曼達

| 出版發行 |

橙實文化有限公司 CHENG SHI Publishing Co., Ltd
粉絲團 https://www.facebook.com/OrangeStylish/
MAIL: orangestylish@gmail.com

作　　者	丫曼達
總 編 輯	于筱芬 CAROL YU, Editor-in-Chief
副總編輯	謝穎昇 EASON HSIEH, Deputy Editor-in-Chief
業務經理	陳順龍 SHUNLONG CHEN, Sales Manager
媒體行銷	張佳懿 KAYLIN CHANG, Social Media Marketing
美術設計	楊雅屏 YANG YAPING

製版／印刷／裝訂　　皇甫彩藝印刷股份有限公司

| 編輯中心 |

ADD ／桃園市大園區領航北路四段 382-5 號 2 樓
2F., No.382-5, Sec. 4, Linghang N. Rd., Dayuan Dist., Taoyuan City 337, Taiwan (R.O.C.)
TEL ／（886）3-381-1618　FAX ／（886）3-381-1620
MAIL: orangestylish@gmail.com
粉絲團 https://www.facebook.com/OrangeStylish/

| 經銷商 |

聯合發行股份有限公司
ADD ／新北市新店區寶橋路 235 巷弄 6 弄 6 號 2 樓
TEL ／（886）2-2917-8022　FAX ／（886）2-2915-8614
初版日期 2022 年 5 月

當你想念起日本的復古風情巷弄，
當你想吃點日式街頭美食時，
這本套書能給你雙重的視覺及味覺的滿足感！

日本資深美食記者與台灣知名料理部落客，
台日攜手合作，給你最想念的日本味！
樸實且最能撫慰人心的道地料理，讓你如同置身在大阪街區裡漫步。
請跟著書裡的美食介紹及食譜示範，來一趟深度美食之旅吧！

連美食記者都讚不絕口的私藏美味餐館

大阪滋味
+
復刻日式老店的美味料理手帳

21道在家也能快速享用的道地日式料理

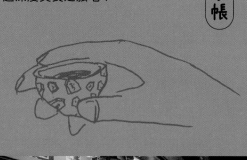